西南典型民居
物理性能提升图集

①布依族等砖石建造体系民居物理性能提升

朱　宁　周政旭　主编

中国建筑工业出版社

图书在版编目（CIP）数据

西南典型民居物理性能提升图集. 1，布依族等砖石建造体系民居物理性能提升 / 朱宁，周政旭主编. —北京：中国建筑工业出版社，2023.3
ISBN 978-7-112-28489-4

Ⅰ.①西… Ⅱ.①朱… ②周… Ⅲ.①布依族—民居—物理性能—西南地区—图集 Ⅳ.①TU241.5-64

中国国家版本馆CIP数据核字（2023）第049170号

责任编辑：段　宁　张伯熙　戚琳琳
书籍设计：锋尚设计
责任校对：王　烨

西南典型民居物理性能提升图集
周政旭　朱　宁　谭良斌　丁　勇　主编

＊

中国建筑工业出版社出版、发行（北京海淀三里河路9号）
各地新华书店、建筑书店经销
北京锋尚制版有限公司制版
河北鹏润印刷有限公司印刷

＊

开本：787毫米×1092毫米　1/16　印张：10½　字数：237千字
2023年3月第一版　　2023年3月第一次印刷
定价：**90.00**元（全四册）
ISBN 978-7-112-28489-4
（40961）

参与编写人员

本 书 主 编：周政旭　朱　宁　谭良斌　丁　勇

分 册 主 编：朱　宁　周政旭

分册编写组成员：杜新颖　封基铖　严　妮　王紫荆　高木竜男

　　　　　　　　　周　照　杨媛婷　单晓萌　陈一诺　朱珍妮

前　言

　　我国幅员辽阔、地域多样、文化多元一体。西南地区是传统村落分布最为集中、地方和民族特色最为突出的地区之一。在漫长的历史进程中，植根于文化传统与地方环境，形成了风格各异、极具特色的村寨和民居，适应于不同的气候、地形、自然环境以及生计模式。但同时，西南村寨民居也存在应灾韧性不足、人居环境品质不高、特色风貌破坏严重、居住性能亟待改善等问题。为提升西南民居品质，本书以空间功能优化和物理性能提升为重点，从宜居性、安全性、低成本、集成化的角度构建西南典型民居改善技术体系。

　　在国家"十三五"重点研发计划"绿色宜居村镇技术创新"专项"西南民族村寨防灾技术综合示范"项目所属的"村寨适应性空间优化与民居性能提升技术研发及应用示范"课题（编号：2020YFD1100705）的支持下，清华大学、重庆大学、昆明理工大学联合西南多家科研院所、规划设计单位，开展典型民居物理性能提升技术研发示范工作，并在西南地区的数十个村寨开展示范。从技术研发与应用示范工作中总结凝练，最终形成中国城市科学研究会标准《西南典型民居物理性能提升技术指南》T/CSUS 51—2023。配合指南使用，课题组编写了本书。

　　本书适用于以布依族为例的砖石建造体系、以哈尼族和藏族为例的生土建造体系、以苗族为例的竹木建造体系典型民居的改建与提升。本书共分四册，每册针对一类典型民居，内容包括民居布局、空间形态、能源体系、功能优化、围护界面、材料使用等角度的宜居性能改善技术体系。

　　本书由清华大学、重庆大学、昆明理工大学团队合作编写。在理论研究、技术研发与指南图集审查过程中，得到了中国科学院、中国工程院院士吴良镛教授，中国工程院院士刘加平教授，中国工程院院士庄惟敏教授，中国城市规划学会何兴华副理事长，清华大学张悦教授、吴唯佳教授、林波荣教授，四川大学熊峰教授，云南大学徐坚教授，西南民族大学麦贤敏教授，西藏大学索朗白姆教授，中煤科工重庆设计研究院唐小燕教授级高工，重庆市设计院周强教授级高工，安顺市规划设计院陈永卫教授级高工的悉心指导、中肯意见和大力支持。在技术研发与示范过程中，得到四川大学、中国建筑西南设计研究院有限公司、四川省城乡建设研究院、云南省设计院集团有限公司、昆明理工大学设计研究院有限公司、安顺市建筑设计院、贵州省城乡规划设计研究院、重庆赛迪益农数据科技有限公司、重庆涵晖木业有限公司、加拿大木业、重庆群创环保工程有限公司等单位的共同参与。此外，过程中得到了西南多地政府部门、示范地村集体与村民的支持和帮助，在此不能一一尽述。谨致谢忱！

目 录
CONTENTS

第 1 章　场地选址

1.1　场地条件

　　民居选址场地应安全可靠，坚固耐久，因地制宜；地基应牢固坚实。主要应遵循以下原则：

　　（1）不得在泥石流、滑坡等地质灾害风险地带建设。

　　（2）宜避开天然河道、谷地等易受水流冲击的地带；如无法完全避免，应针对水流冲击进行重点设计。

　　（3）优先选择向阳坡向，最大限度争取自然采光。

　　（4）优先选择岩石地基，注意避开松软地基或岩石地基可流水的空洞部位。

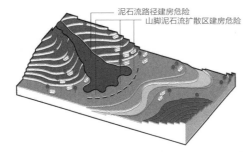

图集所涉及的地区以山地丘陵地形为主，村寨规划和民居建设都应进行地质勘查，避开有泥石流等地质风险的地带。

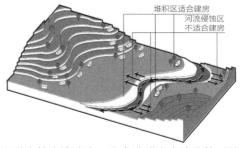

河道中的水流冲击，也会造成水土流失等对地质缓慢变化的不利影响，因此民居宜建设应避开河流冲击部位，而优先选择河边的水土沉积部位。

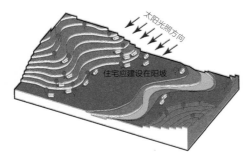

自然采光对人体健康和建筑节能非常重要，民居选址宜选择朝阳坡向，尤其在贵州等日照资源较为匮乏的地区，更有利于争取日照。

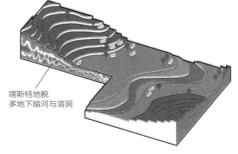

喀斯特地貌，即地下水与地表水对可溶性岩石溶蚀与沉淀，侵蚀与沉积，以及重力崩塌、坍塌、堆积等作用形成的地貌，因此即使是在岩石地基，地表也会有石芽与溶沟等不利因素，地下有溶洞与地下河等，建房时均需要避开。

1.2 场地景观

　　民居应选择缓坡地、中坡地进行建设。所在基址应有完整的竖向设计，场地排水路径清晰，半地下空间与室外场地交接处，应做好散水、水沟、翻水坎等完善的排水措施。

　　民居应具备清晰的院落边界，建筑单体前后宜有室内外过渡场地，宜在入口处设置雨棚等有避雨功能半室外空间。

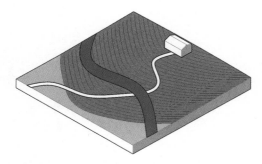

在坡度小于3%的缓坡地，周边道路可自由设置车行道，步行道路无需设置梯级。

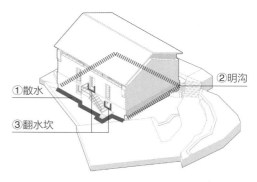

散水、明沟、翻水坎位置示意图

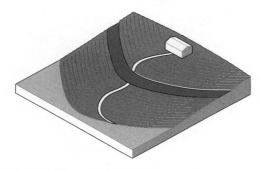

在坡度为3%~10%的缓坡地，车道宜平行于等高线设置，步行道路无需设置梯级。

①石砌散水做法与照片

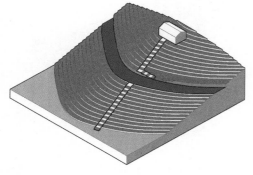

在坡度为10%~25%的中坡地，车道宜平行于等高线设置，步行道路宜设置梯级。

②石砌明沟做法与照片

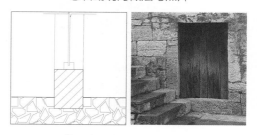

③石砌翻水坎做法与照片

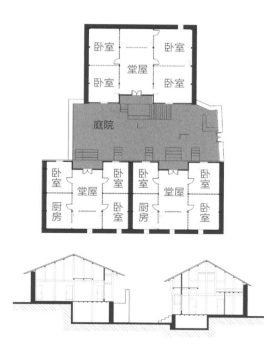

民居名称：高荡村伍国超宅

所在位置：贵州省安顺市

建筑面积：273m²

建筑层数：地上2层，地下1层

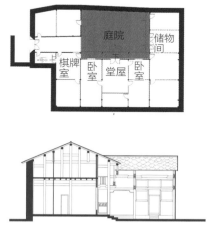

民居名称：鲍屯鲍文弼宅

所在位置：贵州省安顺市

建筑面积：380m²

建筑层数：地上2层，地下1层

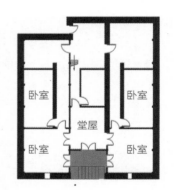

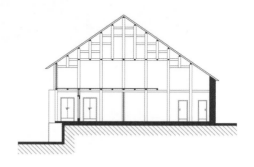

民居名称：革老坟村王芳仁宅

所在位置：贵州省安顺市

建筑面积：141m²

建筑层数：地上2层，地下1层

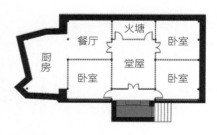

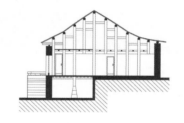

民居名称：高荡村伍忠信宅

所在位置：贵州省安顺市

建筑面积：114m²

建筑层数：地上2层，地下1层

民居所在基址内宜种植多年生落叶乔木，夏季茂盛可遮阴，冬季落叶可采光；宜种植防蚊虫类草本植物，避免毒性、有害植物蔓延。

民居所在聚落宜在谷地或盆地内种植水稻或其他水生经济作物，提升土壤蓄水能力，保障旱季微气候湿润，防止雨季水土流失。

植物名称	鹅掌楸
拉丁文	Liriodendron chinense (Hemsl.) Sarg.
适宜种植环境	石灰岩、砂岩、页岩发育土壤均可生长。耐寒，不耐旱

植物名称	玉兰
拉丁文	Yulania denudata (Desr.) D. L. Fu
适宜种植环境	喜光，较耐寒，喜肥沃、排水良好而带微酸性的沙壤土

植物名称	桑
拉丁文	Morus alba L.
适宜种植环境	中性偏阳性，喜肥耐旱，耐瘠薄

植物名称	黄菖蒲
拉丁文	Iris pseudacorus
适宜种植环境	喜温暖、湿润和阳光充足环境。耐寒、稍耐干旱和半阴

植物名称	千屈菜
拉丁文	Lythrum salicaria
适宜种植环境	喜强光，耐寒性强，喜水湿

植物名称	海芋
拉丁文	Alocasia macrorrhiza
适宜种植环境	喜湿润以及半阴的环境，不耐寒，不耐高温

植物名称	艾草
拉丁文	Artemisia argyi
适宜种植环境	气候和土壤适应性强，耐寒，耐旱

植物名称	薄荷
拉丁文	Mentha canadensis
适宜种植环境	喜光，耐寒，适应性强

植物名称	天竺葵
拉丁文	Pelargonium hortorum
适宜种植环境	喜温暖，耐寒性差，怕水湿和高温

第2章 功能布局

2.1 空间尺度

建筑单体层数与层高应与村寨风貌相协调，空间舒适，尺度宜人。承重结构体系宜采用传统穿斗木结构，柱网布局应根据室内房间功能布局确定，适合现代居住功能。屋面坡度根据传统聚落风貌保护要求确定。

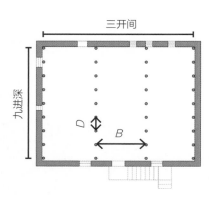

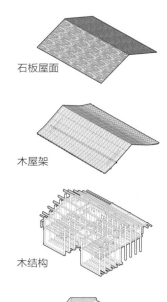

石板屋面

木屋架

木结构

建筑单体层数一般为2~3层，其中半地下1层，地上1~2层。
承重结构体系宜采用传统穿斗木结构，柱网三开间，进深根据整体建筑体量确定，宜七至九进深。开间轴线距离（B）控制在3.3~4.2m；进深轴线距离（D）控制在1.0~1.5m；

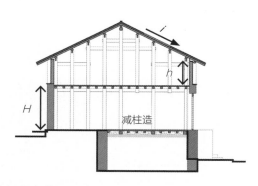

石砌外墙

点式基础
（柱础）
条形基础

石砌基础

可根据空间需求做"减柱造"，进深轴线距离不超过3m。结构层高（H）可控制在2.5~3.3m，坡屋顶在檐口处的室内净高（h）应不小于1.8m。
综合考虑石板瓦屋面铺设粘接强度（不能太陡），和雨季的排水坡度（不能太缓），根据瓦屋面一般坡度（$i=L/d$），可取$i≈1：2$左右。

民居基础应采用毛石、混凝土等坚固结构，应综合考虑承重木结构和毛石围护结构，设置点式基础和条形基础。

2.2 建筑功能

作为村民自用民居，在房间功能上，应至少包括卧室、堂屋、餐厅、厨房、卫生间、储藏室等房间。

民居建筑功能应适应现代化生活起居需要，基本功能房间及其相应室内面积宜参照《住宅设计规范》GB 50096—2011执行。需要强调的若干指标如下：

（1）民居卧室应采光充足、空气流通，不应设置在无外窗的建筑空间内。

（2）卫生间不应直接布置在下层住户的卧室、起居室（厅）、厨房和餐厅的上层。

（3）无前室的卫生间的门不应直接开向起居室（厅）或厨房。

（4）厨房应设置洗涤池、案台、炉灶及排油烟机、热水器等设施或为其预留位置。

（5）厨房应按炊事操作流程布置。排油烟机的位置应与炉灶位置对应，并应与排气道直接连通。

（6）厨房应优先使用管道燃气或罐装液化气，必须靠近外墙且开窗。

（7）厨房宜使用燃气灶或电磁炉等进行炊事，并应配套油烟机等排烟设施。

（8）当采用薪柴、煤等燃烧进行炊事，除必要排烟通风设施外，厨房应可与其他房间通过门、墙等隔开，避免烟气扩散，或为独立房屋。

（9）每套民居应设置洗衣机的位置及条件。

作为村民经营可外租的民居，在房间功能上，还应包括公共客厅、餐饮经营区等其他公共空间。民宿客房、卫生间宜提高面积标准与环境品质，不宜低于城镇住宅的相应指标。

作为民宿经营的民居，宜参照《旅馆建筑设计规范》JGJ 62—2014中有关客房部分的指标。需要强调的若干指标如下：

（1）多床客房间内床位数不宜多于4床。

（2）客房内应设有壁柜或挂衣空间。

（3）有条件的民居可设置制冷采暖设备。

（4）卫生间数量不少于客房总数的50%。

（5）卫生间洁具配置宜为大便器、洗面盆、浴盆或淋浴间，宜干湿分离。

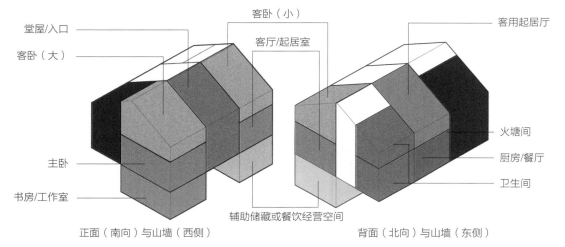

典型西南砖石体系现代民居建筑空间分布示意图

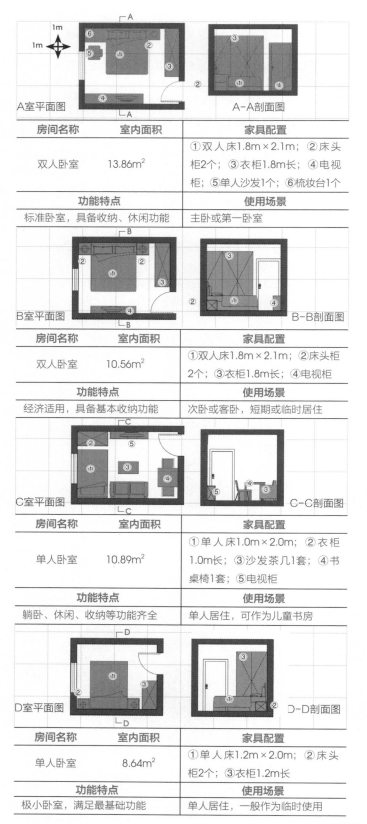

房间名称	室内面积	家具配置	
双人卧室	13.86m²	①双人床1.8m×2.1m；②床头柜2个；③衣柜1.8m长；④电视柜；⑤单人沙发1个；⑥梳妆台1个	
功能特点		使用场景	
标准卧室，具备收纳、休闲功能		主卧或第一卧室	

A室平面图　　　A-A剖面图

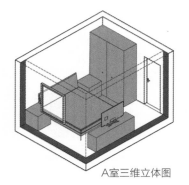

A室三维立体图

房间名称	室内面积	家具配置	
双人卧室	10.56m²	①双人床1.8m×2.1m；②床头柜2个；③衣柜1.8m长；④电视柜	
功能特点		使用场景	
经济适用，具备基本收纳功能		次卧或客卧，短期或临时居住	

B室平面图　　　B-B剖面图

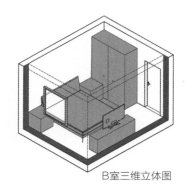

B室三维立体图

房间名称	室内面积	家具配置	
单人卧室	10.89m²	①单人床1.0m×2.0m；②衣柜1.0m长；③沙发茶几1套；④书桌椅1套；⑤电视柜	
功能特点		使用场景	
躺卧、休闲、收纳等功能齐全		单人居住，可作为儿童书房	

C室平面图　　　C-C剖面图

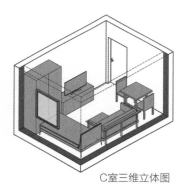

C室三维立体图

房间名称	室内面积	家具配置	
单人卧室	8.64m²	①单人床1.2m×2.0m；②床头柜2个；③衣柜1.2m长	
功能特点		使用场景	
极小卧室，满足最基础功能		单人居住，一般作为临时使用	

D室平面图　　　D-D剖面图

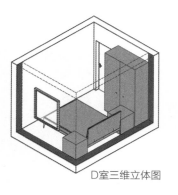

D室三维立体图

网格为1m×1m，供观察空间及家具参考

E室平面图

E-E剖面图

套间名称	套内面积
标准间客房	28.08+4.32（阳台）m²
家具配置	

卧室：①单人床1.2m×2.1m2张；②床头柜2个；③小沙发2个+茶几1个；④电视柜
卫生间：⑤洗面台；⑥坐便器；⑦淋浴间
玄关：⑧柜体2.7m长（包含衣柜、茶水柜等）

功能特点

城市商务酒店标准，具备休憩、休闲功能，并配三件套标准卫生间

使用场景

较高标准民宿经营客房，进深较大空间适用

套间名称	套内面积
大床间客房	21.08m²
家具配置	

卧室：①大床1.5m×2.1m；②床头柜2个；③电视柜；④长条沙发1个+书桌1组
卫生间：⑤洗面台；⑥坐便器；⑦淋浴间
玄关：⑧柜体2.0m长（包含衣柜、茶水柜等）

功能特点

城市商务酒店大床房标准，具备休憩、休闲功能，并配三件套标准卫生间

使用场景

较高标准民宿经营客房，进深较小空间适用

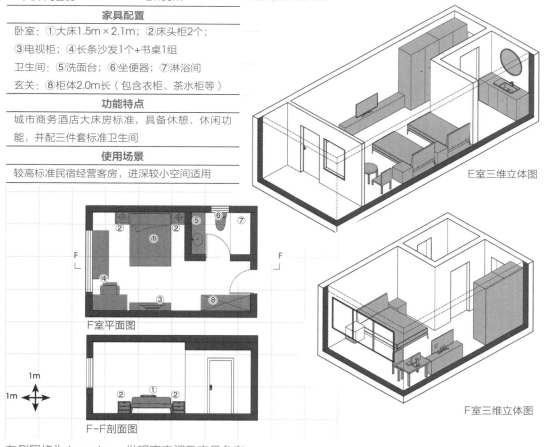

E室三维立体图

F室平面图

F-F剖面图

F室三维立体图

1m
1m

左侧网格为1m×1m，供观察空间及家具参考

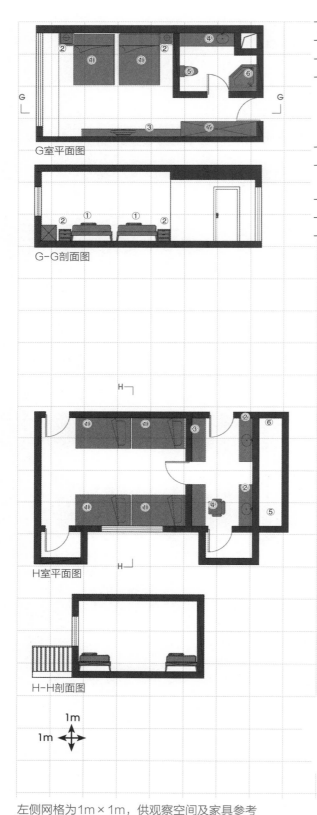

G室平面图

G-G剖面图

套间名称	套内面积
家庭客房	32.0m²

家具配置

卧室：①单人床1.5m×2.1m2张；②床头柜；
③电视柜

卫生间：④洗面台；⑤坐便器；⑥淋浴间

玄关：⑦柜体2.7m长（包含衣柜、茶水柜等）

功能特点

度假酒店家庭房标准，大床可成年人带小孩一起
睡，并配三件套标准卫生间

使用场景

民宿经营，接待有孩家庭

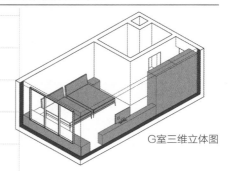

G室三维立体图

H室平面图

H-H剖面图

套间名称	套内面积
通铺客房	37.8+3.00（阳台）m²

家具配置

卧室：①单人床1.2m×2.0m4张

玄关：②洗面台2个；③柜体1.5m长；④书桌
椅1套

卫生间：⑤坐便器；⑥淋浴间

功能特点

基础睡卧功能，适用于团体出游住宿

使用场景

青年旅社、客栈，服务青年旅游团体、背包客等

H室三维立体图

1m

1m

左侧网格为1m×1m，供观察空间及家具参考

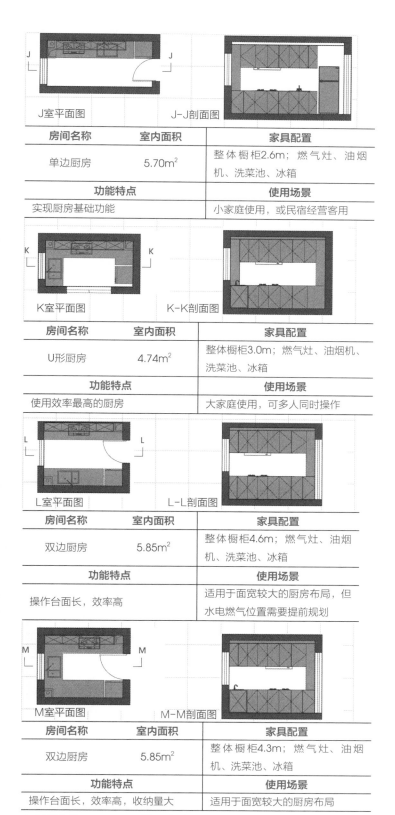

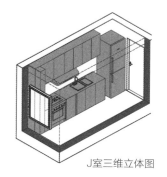

J室三维立体图

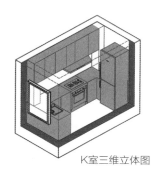

K室三维立体图

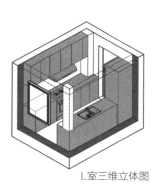

L室三维立体图

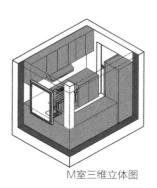

M室三维立体图

J室平面图　　　J-J剖面图

房间名称	室内面积	家具配置
单边厨房	5.70m²	整体橱柜2.6m；燃气灶、油烟机、洗菜池、冰箱
功能特点		使用场景
实现厨房基础功能		小家庭使用，或民宿经营客用

K室平面图　　　K-K剖面图

房间名称	室内面积	家具配置
U形厨房	4.74m²	整体橱柜3.0m；燃气灶、油烟机、洗菜池、冰箱
功能特点		使用场景
使用效率最高的厨房		大家庭使用，可多人同时操作

L室平面图　　　L-L剖面图

房间名称	室内面积	家具配置
双边厨房	5.85m²	整体橱柜4.6m；燃气灶、油烟机、洗菜池、冰箱
功能特点		使用场景
操作台面长，效率高		适用于面宽较大的厨房布局，但水电燃气位置需要提前规划

M室平面图　　　M-M剖面图

房间名称	室内面积	家具配置
双边厨房	5.85m²	整体橱柜4.3m；燃气灶、油烟机、洗菜池、冰箱
功能特点		使用场景
操作台面长，效率高，收纳量大		适用于面宽较大的厨房布局

左侧网格为1m×1m，供观察空间及家具参考

堂屋（玄关）、起居室（客厅）设计应具备天然采光条件，当不具备侧窗采光窗时，宜设置天窗进行采光。不宜仅利用打开户门，获得采光通风条件。

火塘间是民居建筑中的特色空间，宜作为重要公共空间进行设计，并宜符合下列规定：

（1）采用封闭燃烧的炉灶取暖，并将烟气通过管道或烟囱直排室外。

（2）有不少于2扇外窗，用于自然通风对流和紧急排烟。

（3）应多设沙发、座椅，形成全屋居民集中交流空间。

（4）火塘间宜邻近卧室，通过重型墙体分隔，可利用余热为卧室加热。

（5）在有条件的民居中，宜连同餐厅或厨房设置火塘间，适应传统生活习俗。

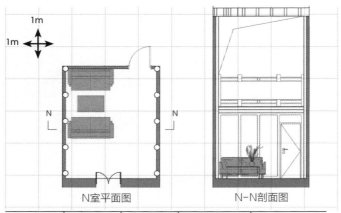

N室平面图　　　　　N-N剖面图

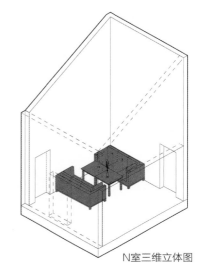

N室三维立体图

房间名称	室内面积	家具配置	功能特点	使用场景
传统堂屋	13.45m²	休闲沙发、茶几等	入口通高空间，应布置天窗辅助采光	传统中为供奉空间，现代民居中为交流会客空间

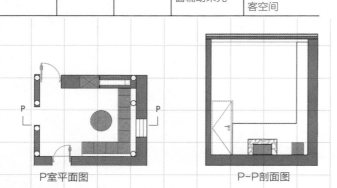

P室平面图　　　　　P-P剖面图

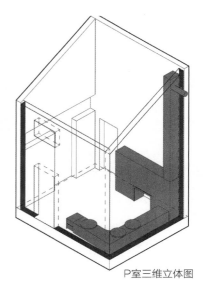

P室三维立体图

房间名称	室内面积	家具配置	功能特点	使用场景
火塘间	9.43m²	壁炉、座椅、茶几等	采用薪柴封闭燃烧壁炉，通高空间保证自然通风	家庭围坐交流空间，冬季用于烤火取暖

左侧网格为1m×1m，供观察空间及家具参考

地下室、半地下室设计应符合下列规定：

（1）卧室、起居室（厅）、厨房不应布置在地下室、半地下室。

（2）除卧室、起居室（厅）、厨房以外的其他功能房间可布置在地下室。当布置在地下室时，应对采光、通风、防潮、排水及安全防护采取措施。

（3）不应用于牲畜饲养，不宜布置旱厕。

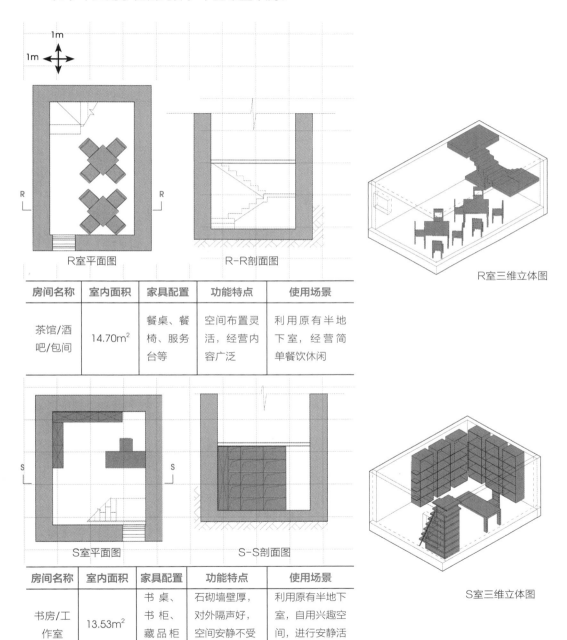

房间名称	室内面积	家具配置	功能特点	使用场景
茶馆/酒吧/包间	14.70m²	餐桌、餐椅、服务台等	空间布置灵活，经营内容广泛	利用原有半地下室，经营简单餐饮休闲

房间名称	室内面积	家具配置	功能特点	使用场景
书房/工作室	13.53m²	书桌、书柜、藏品柜等	石砌墙壁厚，对外隔声好，空间安静不受打扰	利用原有半地下室，自用兴趣空间，进行安静活动或收藏收纳

左侧网格为1m×1m，供观察空间及家具参考

2.3 外观风貌

外观应保持毛石砌筑围护结构的整体效果，墙体基座、转角、门窗过梁等部位宜使用大块料石。

正立面及墙体中上部等部位，可采用木板墙作为围护结构，在冬季较为寒冷的地区，应注意增加保温。

正立面和背立面可根据室内房间功能、观景需求开设外窗，开窗尺度应考虑传统民居风貌，不宜开窗过大或设置玻璃幕墙。

侧立面应从传统风貌保护的角度，宜减少不必要的开窗。如确需开窗，外窗宽度应比正立面外窗更窄。

以毛石墙作为围护结构的部分，外窗宽度应控制在900mm以内；以木板墙作为围护结构的部分，外窗开设尺寸相对自由，但也应从传统风貌保护的角度，不宜开窗过大。

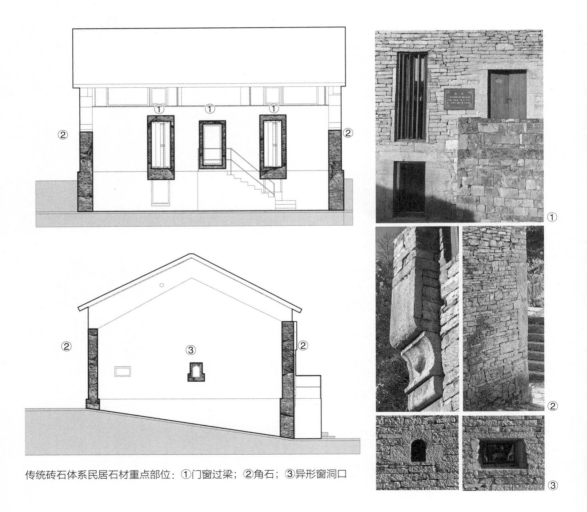

传统砖石体系民居石材重点部位：①门窗过梁；②角石；③异形窗洞口

14

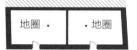

民居名称：关口村无名宅
所在位置：贵州省安顺市
建筑面积：82m²
建筑层数：地上2层，地下1层

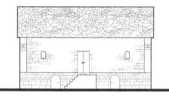
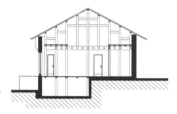

民居名称：布依朗村卢起中宅
所在位置：贵州省安顺市
建筑面积：105m²
建筑层数：地上2层，地下1层

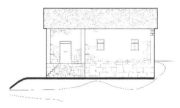
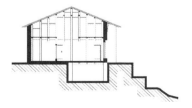

民居名称：山京哨杨正忠宅
所在位置：贵州省安顺市
建筑面积：290m²
建筑层数：地上2层，地下1层

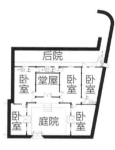

民居名称：云山屯住宅081号
所在位置：贵州省安顺市
建筑面积：290m²
建筑层数：地上2层，地下1层

第 3 章   围护结构

3.1   一般规定

　　民居围护结构材料宜在保持传统建筑风貌基础上，从内而外改善围护结构保温、防水、热惰性、气密性等性能。构造应坚固、适用、美观，保持传统民居风貌同时提升室内环境性能。

　　新建民居应结合现代住宅技术，对围护结构进行完整设计。改造民居宜利用室内装修，从室内侧提升围护结构各项性能。

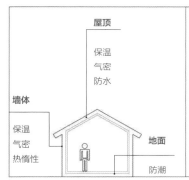

保障民居室内环境舒适，应注重房屋围护结构各部分的性能提升。

在冬季寒冷的气候区，对于具有风貌保护要求的民居建筑，宜增加内保温，提升室内温度和室内采暖效率。

在冬季寒冷的气候区，石砌墙体和石板屋面漏风较多，为提升冬季采暖性能，宜提升屋面和墙体气密性。

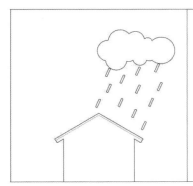

屋面应注意防水性能提升，采用防水卷材、混凝土等现代材料铺设在石板屋面下，保证屋面防水良好。

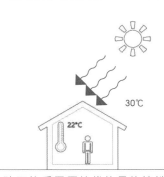

砖石体系民居的优势是热惰性强，在较为炎热的夏季，延迟室外热量进入室内，保证白天室内凉爽。

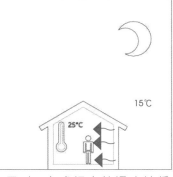

同时，在晚间室外温度较低时，石墙内蓄存的热量一部分向室内发散，使室内温度高于室外温度。

3.2 围护结构材料

3.2.1 现代建筑材料

保温材料宜选用不易受潮的干法施工材料（如EPS、XPS等）。如选用湿法作业的保温材料（如玻化微珠砂浆、气凝胶等），应对砖石砌筑墙面预先做基层平整处理，保证保温层厚度一致，同时要注意封堵缝隙。

防水材料应优先选择卷材类，铺设前注意对砖石砌筑做基层找平处理。涂膜类防水材料不宜使用在外围护结构中，仅可用于卫生间等室内防水部位。

气密材料主要有无纺布、高分子卷材、气密胶带等，应用在构造保温层内外侧、窗洞口等建筑构件连接缝隙处。传统民居砖石墙体具备优良的热惰性，应保持传统民居砖石墙体厚度。

3.2.2 传统建筑材料

传统民居屋顶铺设石板瓦遮阳性能良好，具备一定的热惰性；如保证与墙体类似热惰性，宜在屋顶木结构望板上增设混凝土附加结构层，提升屋顶热惰性。

传统民居砖石墙体气密性较差，应通过现代气密性材料进行补充。

传统建筑材料

石板瓦屋面

石砌墙体

木板墙体

现代建筑材料

防水透汽膜（提升气密性能）

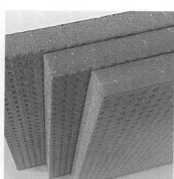
挤塑聚苯板（提升保温性能）

断桥铝合金窗（提升保温气密性能）

3.3 围护结构构造

3.3.1 地基与地面构造

利用原有地基基础进行翻新或改造的民居，应铺设卷材类的防潮层，并上翻防潮层至挡土墙出地面高度，使防潮层连续有效。

开挖原有地基，新建民居基础，应在素土夯实或岩石基层以上，做不少于100mm厚的细石混凝土防潮层，挡土墙宜用混凝土墙体，并在墙体外侧做连续的卷材防水层。

地下室、半地下室地面应使用防潮材料作为完成面，如铺设瓷砖、素混凝土、石板、复合地板、石塑地板等。如铺设实木地板等易受潮材料，应做架空通风龙骨层。高于室外地坪的主要房间地面，宜铺设防滑材料地面。

做法名称	构造层次	
素水泥地面	③20mm厚水泥砂浆抹面 ②100mm厚细石混凝土 ①原石地基	
性能特点	**使用部位**	
价格低廉，耐久性强，有一定的防水防潮功能	较低档次装修房间，如储藏间、地下室等	

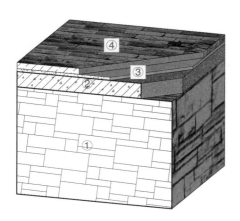

做法名称	构造层次	
青砖地面	④30~40mm厚条形青石，1:3水泥砂浆粘接、嵌缝 ③20mm厚水泥砂浆找平 ②100mm厚细石混凝土 ①原石地基	
性能特点	**使用部位**	
具备传统风貌特征，耐久性强，室内外均可使用，易于清理	室内外人员聚集空间，如庭院、门厅、玄关等	

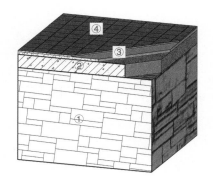

做法名称	构造层次
瓷砖地面	④10mm厚瓷砖，1：3水泥砂浆粘接，美缝剂嵌缝
	③20mm厚水泥砂浆找平
	②100mm厚细石混凝土
	①原石地基

性能特点	使用部位
耐久性强，可选颜色质感，易于清理；有水空间应采用防滑地砖	客厅、厨房、卫生间等

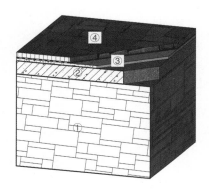

做法名称	构造层次
小青石地面	④30~40mm厚小方块青石，1：3水泥砂浆粘接、嵌缝
	③20mm厚水泥砂浆找平
	②100mm厚细石混凝土
	①原石地基

性能特点	使用部位
具备传统风貌特征，耐久性强，室内外均可使用，易于清理	聚会交流公共空间，如门厅、客厅、玄关等

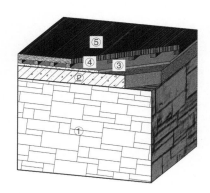

做法名称	构造层次
传统木板地面	⑤30mm厚原木条板，垂直龙骨铺设
	④30mm×30mm木龙骨架空，间隔不大于600mm
	③20mm厚水泥砂浆找平
	②100mm厚细石混凝土
	①原石地基

性能特点	使用部位
具备传统风貌特征，耐久性较强，室内外均可使用，有弹性，亲和力强	庭院、露台、门厅等

做法名称	构造层次
石塑地板/复合木地板地面	④10mm厚条状地板铺设，双向企口连接
	③20mm厚水泥砂浆找平
	②100mm厚细石混凝土
	①原石地基

性能特点	使用部位
具有丰富可选的肌理，有一定弹性，舒适感强	除卫生间湿区外，室内空间均可使用

3.3.2 楼层与屋顶

楼面应保证隔声性能。如采用木结构楼面，应满足承重设计要求前提下，先铺设一层防水防潮隔离层，再加铺一层不少于50mm厚的细石混凝土，提升撞击声隔声性能。

屋顶宜采用正置式保温防水屋顶，防水卷材以上铺设石板瓦应卧砂浆，保障牢固连接。

檐口宜采用檐沟等有组织排水方式，注意与传统风貌立面元素协调，也可采用无组织排水。

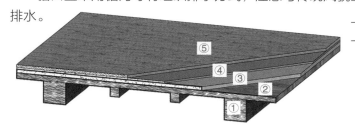

构造层次
⑤15mm厚条状地板铺设，双向企口连接
④10mm厚弹性垫层
③18mm厚木工板找平
②30mm厚木楼板
①结构木梁（方形或圆形）

做法名称	性能特点	使用部位
普通木楼板+石塑地板楼面	一般木结构楼板做法，构造简单，但不能隔声、防水，撞击声隔声单值评价量高于75dB	对防水、无上下层隔声无要求的楼面均适用

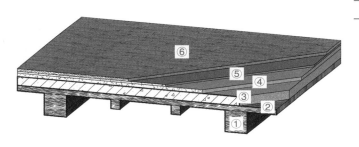

构造层次
⑥15mm厚条状地板铺设，双向企口连接
⑤10mm厚弹性垫层
④20mm厚水泥砂浆找平
③50mm厚细石混凝土（浇筑前需铺设防水隔离膜）
②30mm厚木楼板
①结构木梁（方形或圆形）

做法名称	性能特点	使用部位
隔声木楼板+石塑地板楼面	隔声木结构楼板做法，隔声效果较好，撞击声隔声单值评价量约70dB；如混凝土增加到80mm厚，撞击声隔声单值评价可小于65dB	楼面下为卧室、客厅、书房等对隔声要求高的房间使用

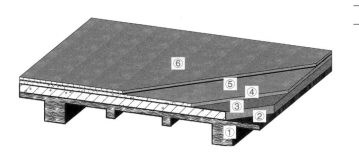

构造层次
⑥10mm厚瓷砖，1：3水泥砂浆粘接，美缝剂嵌缝
⑤20mm厚水泥砂浆找平
④3mm厚沥青防水卷材
③50mm厚细石混凝土（浇筑前需铺设防水隔离膜）
②30mm厚木楼板
①结构木梁（方形或圆形）

做法名称	性能特点	使用部位
隔声木楼板+瓷砖防水楼面	隔声效果较好，具备防水性能，可用于用水房间	楼面下为卧室、客厅、书房等对隔声要求高的房间使用

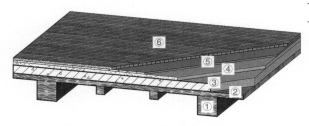

	构造层次
	⑥15mm厚条状地板铺设，双向企口连接
	⑤10mm厚弹性垫层
	④20mm厚水泥砂浆找平
	③50mm厚细石混凝土（浇筑前需铺设防水隔离膜）
	②30mm厚木楼板
	①结构木梁（方形或圆形）

做法名称	性能特点	使用部位
隔声木楼板+原木地板楼面	隔声效果较好，具有传统风貌特征，脚感坚实，避免了传统木楼板刚度差的缺点	适用于具有传统习俗仪式的房间，如厅堂、卧室、礼拜间等

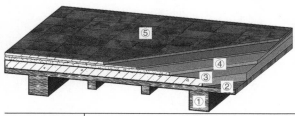

	构造层次
	⑤15mm厚青石板铺设，1:3水泥砂浆粘接、嵌缝
	④20mm厚水泥砂浆找平
	③50mm厚细石混凝土（浇筑前需铺设防水隔离膜）
	②30mm厚木楼板
	①结构木梁（方形或圆形）

做法名称	性能特点	使用部位
隔声木楼板+薄石板楼面	隔声木结构楼板做法，隔声效果较好，撞击声隔声单值评价量约70dB；如混凝土增加到80mm厚，撞击声隔声单值评价量可小于65dB	楼面下为卧室、客厅、书房等对隔声要求高的房间使用

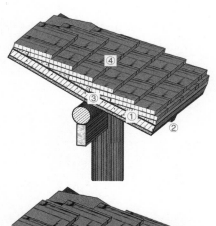

做法名称	构造层次
石板瓦屋面+混凝土垫层	④30~40mm厚青石板铺设，卧浆1:3水泥砂浆
	③50mm厚钢筋混凝土，钢筋网双方向$\Phi 6$
	②3mm厚沥青防水卷材
	①30mm厚木望板

性能特点	使用部位
屋面具备气密性和热惰性，隔热性能较好	无需冬季保温的空间的屋顶使用，如夏热冬暖地区、温和地区的公共空间等

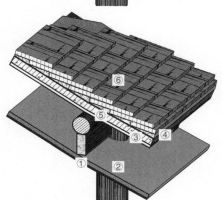

做法名称	构造层次
石板瓦屋面+混凝土垫层+吊顶内保温	⑥30~40mm厚青石板铺设，卧浆1:3水泥砂浆
	⑤50mm厚钢筋混凝土，钢筋网双方向$\Phi 6$
	④3mm厚沥青防水卷材
	③30mm厚木望板
	②30mm厚挤塑聚苯板
	①10mm厚石膏板，刮腻子，乳胶漆

性能特点	使用部位
屋面具备保温气密性和热惰性，保温隔热性能更好，K值为0.69W/(m·K)	需要冬季保温、采暖的空间的屋顶使用，如温和地区的起居空间、夏热冬冷地区的各类空间等

3.3.3 墙体

民居应保留传统砖石墙体，应在室内侧做内保温层、隔汽层、装饰层。

墙体保温层内侧应设置完整的防水隔汽层。在砖石墙体缝隙较大不足以防水的情况下，保温层与砖石墙体夹层内可设置防水透汽层。

新建、保留传统风貌木板墙，应在内侧设置完整的保温层、防水隔汽层。在木板墙不作为防水层的情况下，木板墙内侧应设置防水透汽层。

做法名称	构造层次
传统木板墙	①30mm厚木板，刷桐油
传热系数（K）	**热惰性（D）**
4.67W/(m²·K)	0.77
性能特点	**使用部位**
具备传统风貌特征，可开较大窗户，保温气密性较差	不适宜在冬季寒冷地区使用，宜用于温湿地区朝阳立面

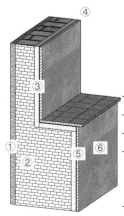

做法名称	构造层次
木板外墙+内保温+石膏板内饰面	⑦10mm厚石膏板，腻子乳胶漆饰面
	⑥3mm厚防水透汽膜
	⑤10mm厚木工板找平
	④30mm厚挤塑聚苯板
	③30mm厚空气间层
	②120mm厚灰砖平砌
	①30mm厚木板，刷桐油
传热系数（K）	**热惰性（D）**
0.39W/(m²·K)	1.7
性能特点	**使用部位**
保温气密性较好，气密膜可阻挡室内蒸汽渗透到保温层结露	外墙正立面，尤其用于开窗较大的立面；或用于外墙上部，立于石墙上

做法名称	构造层次
木板外墙+内保温+瓷砖内饰面	⑥10mm厚瓷砖饰面
	⑤10mm厚砂浆垫层
	④防水涂膜
	③30mm厚挤塑聚苯板
	②120~240mm厚灰砖平砌（台面造型等）
	①30mm厚木板，刷桐油
传热系数（K）	**热惰性（D）**
0.70~0.76W/(m²·K)	2.7~4.1
性能特点	**使用部位**
气密性较好，具备防水性能；防水涂膜用于阻挡室内蒸汽渗透到保温层结露，以及用水房间淋水	有水房间的外墙，如卫生间等

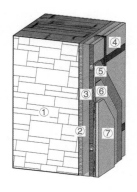

做法名称	构造层次
石砌外墙+内保温+石膏板内饰面	⑦10mm厚石膏板，腻子乳胶漆饰面 ⑥3mm厚防水透汽膜 ⑤10mm厚木工板找平 ④30mm厚挤塑聚苯板 ③30mm厚空气间层 ②原石墙抹灰清理 ①400~500mm厚石砌外墙（或原有石墙）
传热系数（K）	**热惰性（D）**
0.38~0.39W/(m²·K)	4.9~5.9
性能特点	**使用部位**
保温气密性较好；气密膜可阻挡室内蒸汽渗透到保温层结露	各类需要做内保温的石砌外墙

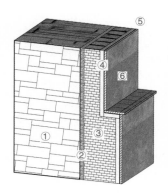

做法名称	构造层次
石砌外墙+内保温+瓷砖内饰面	⑥10mm厚瓷砖饰面 ⑤10mm厚砂浆垫层 ④防水涂膜 ③30mm厚挤塑聚苯板 ②120~240mm厚灰砖平砌（台面造型等） ①400~500mm厚石砌外墙（或原有石墙）
传热系数（K）	**热惰性（D）**
0.63~0.71W/(m²·K)	6.3~8.9
性能特点	**使用部位**
具备传统风貌特征，耐久性较强，热惰性极好，墙面具备防水性能	有水房间或地下空间的外墙

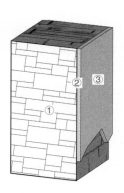

做法名称	构造层次
石砌外墙+涂料内饰面	③刮腻子乳胶漆涂料 ②30mm厚水泥砂浆，分粗中细三次找平 ①400~500mm厚石砌外墙（或原有石墙）
传热系数（K）	**热惰性（D）**
2.75~3.36W/(m²·K)	4.2~5.2
性能特点	**使用部位**
具备传统风貌特征，宜用于公共空间；室内可选各类颜色质感涂料，可做造型；如在地下室可保留墙根裸露石材，兼顾防潮与造型；但不具备保温性能	公共空间外墙，如经验性质的客厅、餐厅、酒吧等

做法名称	构造层次
传统石砌外墙	①400~500mm厚石砌外墙（或原有石墙水刷处理毛刺）
传热系数（K）	**热惰性（D）**
3.00~3.75W/(m²·K)	4.0~5.0
性能特点	**使用部位**
具备传统风貌特征，尤其展示传统建筑材料的肌理质感；但不具备保温、气密性能，可用于温暖湿润气候地区	不宜用于卧室、卫生间等房间，粗糙石面易擦伤

3.3.4 门窗

除具有传统风貌的户门、异形洞口外，功能性外门窗宜采用节能门窗。

窗体应与保温层安装在同一平面内，以减少热桥。

保温层内侧的防水隔汽层膜材，应在窗洞口处延长约200mm，外翻后被窗框压住固定。保温层外侧的防水透汽层膜材，应在窗洞口处延长约400mm，内翻后被窗框压住固定。窗框外侧应用气密防水胶带密封，保证气密完整性。

外门窗宜设置排水板、外窗套，保障良好的防排水性能。

在冬季较寒冷的地区，外窗外侧可设置用于保温的格栅，于夜间封闭白天打开。

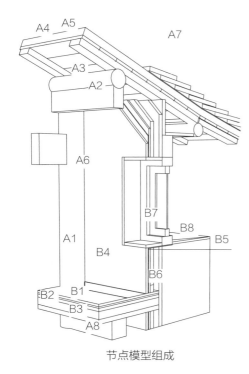

节点模型组成

建筑结构

A1 木柱
A2 丁枋
A3 圆檩
A4 椽条
A5 望板
A6 混凝土屋面
A7 石板瓦
A8 木楼板

围护结构

B1 木地板
B2 垫层
B3 混凝土层
B4 内墙面
B5 防水透汽膜
B6 保温及空气层
B7 外窗及窗套
B8 外窗台披水板

节点模型侧面

节点模型正面

安装防水透汽膜

防水透汽膜安装完成

带有保温隔热百页的窗户

第4章　设备系统

4.1　一般规定

民居在地域上分布较为松散，应采用"被动优先，主动优化"的生态策略和设计措施，维持动态热舒适室内环境，营造良好的光环境与声环境。

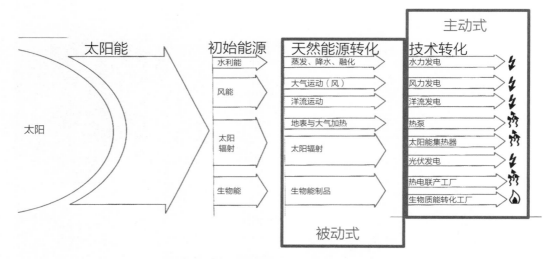

被动式策略与主动式技术的基本内容

4.2　被动式策略

4.2.1　日照与天然采光

位于温和地区、夏热冬冷地区的民居应至少有一个居住空间能获得冬季日照。卧室、起居室（厅）、厨房应有直接天然采光；采光系数不应低于1%，采光窗洞口的窗地面积比不应低于1/7。起居室（厅）或对外经营性的公共空间宜采用天窗采光，设置天窗宜采用亮瓦等无框透明构件，保持传统建筑风貌。

4.2.2　自然通风与保温隔热

民居应根据所在气候区特征、具体地点的气候数据，进行围护结构各项热工性能设计，确定保温、隔热目标。

民居的平面空间组织、剖面设计、门窗的位置、方向和开启方式的设置，应有利于组织室内自然通风。单朝向民居宜采取改善自然通风的措施。起居室（厅）或对外经营性的公共空间宜重视通风，卧室、厨房、火塘间应充分利用自然通风。居住空间重视保温，可在民居内形成局部保温的部位。

充分挖掘院落、天井、挑檐等半室外空间，对室内空间的缓冲、调适的作用。充分利用石砌墙体、石板瓦屋盖等地方材料的热惰性作用，并补充现代材料提升围护结构保温隔热性能。

4.2.3　室内空气品质

民居的屋面、地面、外墙、外窗应采取防止雨水和冰雪融化水侵入室内的措施。

民居的屋面、外墙的内表面、内保温双侧等部位应采取通风、隔汽等有效措施，保障在设计的室内温度、湿度条件下不出现结露、霉变。

民居室内装修设计宜进行环境空气质量预评价，在选用住宅建筑材料、室内装修材料以及选择施工工艺时，应控制有害物质的含量。

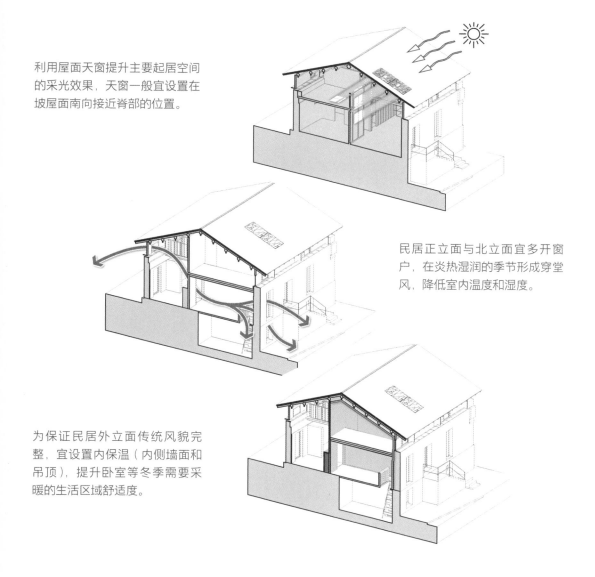

利用屋面天窗提升主要起居空间的采光效果，天窗一般宜设置在坡屋面南向接近脊部的位置。

民居正立面与北立面宜多开窗户，在炎热湿润的季节形成穿堂风，降低室内温度和湿度。

为保证民居外立面传统风貌完整，宜设置内保温（内侧墙面和吊顶），提升卧室等冬季需要采暖的生活区域舒适度。

民居排水系统的设计应保证符合使用需求的洁具数量、排污量、密封性，保障环境卫生、人体健康舒适、节水低噪。

民居排水系统宜包含在室外独立设置的化粪池，在气候条件适宜地区，宜与沼气系统结合，充分利用可再生能源。

应参照《建筑给水排水与节水通用规范》GB 55020—2021中有关"排水系统设计"部分的指标。与民居设计密切相关的若干指标如下：

（1）雨水排水系统与污水排水系统应分别设置。

（2）厨房和卫生间的排水立管应分别设置。

（3）排水立管不应设置在卧室内，且不宜靠近与卧室相邻的内墙；当必须靠近与卧室相邻的内墙时，应采用低噪声管材。

（4）设有淋浴器和洗衣机的部位应设置地面排水设施，设置洗衣机的部位宜采用能防止溢流和干涸的专用地漏。

（5）室内生活排水系统不得向室内散发浊气或臭气等有害气体。

（6）污水、废水排水横管宜设置在本层套内，但不应穿过卧室。

（7）当构造内无存水弯的卫生器具、无水封地漏、设备或排水沟的排水口与生活排水管道连接时，必须在排水口以下设存水弯。水封装置的水封深度不得小于50mm。

（8）地下室、半地下室中的卫生器具和地漏不得与上部排水管道连接，应采用压力流排水系统，并应保证污水、废水安全可靠地排出。

4.2.4　能源与环境

以煤、薪柴、燃油为燃料进行分散式采暖的民居，以及以煤、薪柴为燃料的厨房，应设烟囱。上下层或相邻房间合用一个烟囱时，必须采取防止串烟的措施。持续燃烧的炉灶应封闭，并将烟气排出室外。炉灶所在空间应开窗，有充分的自然通风。

民居如在夏热冬暖地区、温和地区，宜采用沼气收集装置，并应注意以下原则：

（1）沼气装置宜按（自然）村设置，柴薪、人畜粪便、可分解的其他有机物垃圾，应集中进行处理。

（2）无集中设置条件的可按户设置，但应有专门管理人员定期检查、维修。

当采用分户或分室设置的分体式空调器时，室外机的安装位置应与民居传统风貌相协调。

4.3 主动式设备

民居优化空间功能，提升居住品质，应重视建筑设备现代化需求。机电设备管线的设计应相对集中、布置紧凑、合理使用空间。

4.3.1 给水排水系统

民居给水系统的设计应保证符合使用需求的水质、水量、水压，保障用水安全、健康、节约。

生活热水的热量供应，宜采用高效清洁能源：在太阳能较为富集地区，宜使用太阳能热水器，并应注重真空管、热水管等需要安装在屋顶的装置，与传统风貌住宅相协调。宜使用空气源热泵热水器，并应注重热泵室外机等需要安装在立面的装置。

应参照《建筑给水排水与节水通用规范》GB 55020—2021中有关"给水系统设计"部分的指标。与民居设计密切相关的若干指标如下：

（1）生活饮用水的水质应符合现行《生活饮用水卫生标准》GB 5749 的规定。

（2）生活饮用水管道配水至卫生器具、用水设备的配水件出水口不得被任何液体或杂质淹没。严禁采用非专用冲洗阀与大便器（槽）、小便斗（槽）直接连接。

（3）生活饮用水水池（箱）、水塔的设置应防止污废水、雨水等非饮用水渗入和污染，应采取保证储水不变质、不冻结的措施，埋地式生活饮用水贮水池周围10m内，不得有化粪池、污水处理构筑物、渗水井、垃圾堆放点等污染源。

（4）生活饮用水水池（箱）周围2m内不得有污水管和污染物。

（5）排水管道不得布置在生活饮用水池（箱）的上方。

（6）非亲水性的室外景观水体用水水源不得采用市政自来水和地下井水。

（7）水加热器必须运行安全、保证水质，产品的构造及热工性能应符合安全及节能的要求。

（8）严禁浴室内安装燃气热水器。

图例

—— R —— 给水（含冷水与热水）

- - - - - 排水

○ 给水点　＋ 用水器具（包括洗面器、坐便器、淋浴器、
● 排水点　　 盆浴龙头、洗菜池）

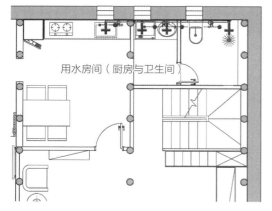

给水排水首层平面图

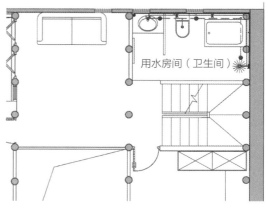

给水排水二层平面图

4.3.2 电力与智能化

每套民居应设置户配电箱，其电源总开关装置应采用可同时断开相线和中性线的开关电器。

电源插座、人工照明、电信网络、安全防范等系统及末端的设计应符合现行《建筑电气与智能化通用规范》GB 55024相关规定。

人工照明设计应以舒适、高效、节能为目标，并遵循以下原则：室外照明不得破坏原有传统建筑风貌，照明装置不得过亮形成眩光。

室内居住空间应根据功能需求设置人工照明，在满足现行《建筑采光设计标准》GB 50033、《建筑照明设计标准》GB 50034的基本条件下，可对传统文化、公共活动等空间做重点照明设计。

人工照明宜选用满足现行《室内照明用LED产品能效限定值及能效等级》GB 30255的照明产品。

图例　　插座，其中：

　　无角标　普通五孔插座

　1　三孔插座（油烟机用）

　2　100-250V插座（剃须刀用）

　3　扣板预留插座（贴墙家具使用）

　4　带USB充电插座

　5　轨道插座

　R　16A插座（浴霸或暖风机用）

　单极开关

　双极开关

　吸顶灯

⊗　筒灯

 TV　有线电视插座

 TD　电话/网络双孔信息插座

▆　强电配电盘（分层）

◩　弱电配电盘

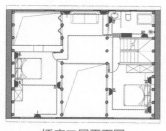

插座二层平面图

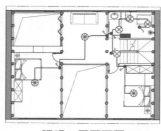

照明二层平面图

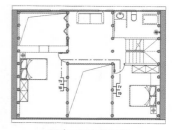

弱电二层平面图

插座首层平面图

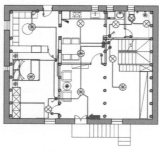

照明首层平面图

弱电首层平面图

第 5 章　本土材料

5.1　一般规定

在民居新建或改造项目中，应注重本土材料工艺的传承与发扬：宜在新建项目的外观侧重传统材料的使用，在室内主要生活功能区注重现代材料工艺细部设计，与传统精致手工作业融为一体。

5.2　石墙

5.2.1　结构与材料

厚重砖石墙体是传统民居的重要风貌元素，应在新建、改造工程中进行精细建筑设计与结构计算。

石材应选用当地浅色料石或毛石，选石时应注意以下要求：

（1）料石色差宜较小，宜选用偏暖色、浅灰色。

（2）毛石色差较大，应多取浅灰色石材进行砌筑墙体，深色毛石可砸成石板作瓦屋面铺设。

（3）注意既有民居拆改石材再利用，再利用不应作为承重构件使用。

典型石墙肌理

新建民居的石墙砌筑应满足结构设计要求，并在以下重点部位注意材料组织：

（1）基础或挡土墙等下部、转角应采用大块石材，其墙体厚度应大于中上部墙体。

（2）注意保留经过雕刻造型的檐口、转角、窗洞口等异形石材构件。

5.2.2　加工、砌筑与连接

石材切削应注意上下大面平整，便于砌筑。应至少切平外完成面，便于作为参考基准面。

石墙砌筑应先边角定位，后中心填充，并注意体现传统风貌的重点部位砌筑方式：墙体转角、门窗侧壁等有立砌料石，宜在内侧立钢筋加强，并与立砌料石锚固，并用大块料石压顶。门窗过梁应采用坚固条石，宜铺设钢筋等进行组合加强。填充部位的毛石墙体，应在高度方向每隔约1.0m，铺设较小石材进行一次找平，找平后再继续向上铺设一皮石材。

石墙与木材连接应牢靠，宜用金属件作为连接，与石墙采用膨胀螺栓安装，与木材采用普通螺栓连接。

5.2.3　表面处理

清水石墙外墙做法，应作为传统风貌保留，不得在石墙外侧抹灰，新建建筑在可每皮石墙下部靠内侧卧砂浆砌筑连接，如石墙外侧有砂浆或其他材料污染，应及时清理。应使用在公共区域，不宜在卧室使用，竣工前也需要清洗。如在人员较多空间使用，应在清水石墙内墙一侧加装玻璃遮罩，以免粗糙肌理划伤相关人员。

传统外立面转角石材

传统外立面门梁石材

传统外立面窗过梁石材

石材墙面可用高压水枪清洗

石材墙面可用火焰喷枪清理

清洗后的墙面

5.3 木结构

5.3.1 结构与材料

传统木结构体系是传统民居的重要风貌元素，应在新建、改造工程中进行精细建筑设计与结构计算，在抗震设防地区还应做结构抗震计算。

木结构体系宜采用穿斗式，主体构件（如柱、穿枋、屋檩等）尺寸应经过结构计算验证，次级构件（如梁、板、椽等）尺寸应结合结构估算与经验数据确定。

柱网应在三个维度上均做斜拉构件加强，防止平行四边形变形倾覆。

木结构构件应来自当地树种，木材经过充分干燥后使用。

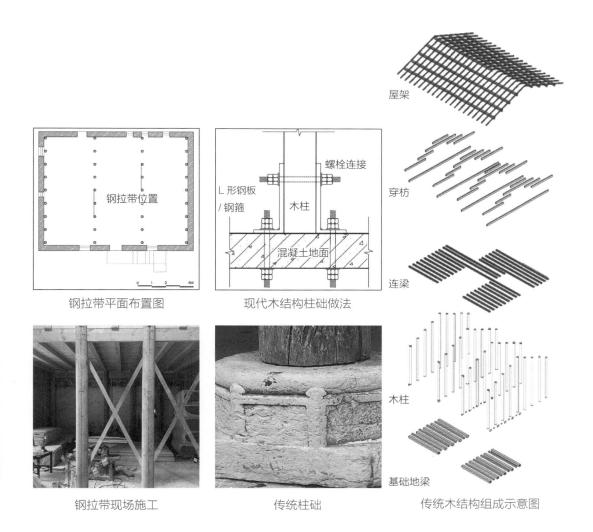

钢拉带平面布置图 现代木结构柱础做法

钢拉带现场施工 传统柱础 传统木结构组成示意图

5.3.2 构件与连接

柱础应保证防潮、防水、防虫，可采用传统石质柱础。采用现代材料作为柱础，混凝土或其他材料基础不宜与柱端面直接接触，或对木柱端面进行完善的防潮防腐处理。柱与基础的锚固可采用U形扁钢、角钢和柱靴等连接方式。

主体构件（如柱、穿枋、屋檩等）及其与其他构件连接的节点部位，不应被保温层封闭，以保证其自然通风。穿枋、梁等水平构件，可与砖石墙体搭接，但不应穿透墙体。木望板上铺设混凝土附加结构层时，应先铺设卷材防水，防止混凝土制作期间水分渗入木材造成霉变等破坏。

木结构完成面应做油漆保护层，三层及以上的木结构还应根据现行《木结构设计标准》GB 50005进行整体防火处理。

外墙内保温材料铺设

撞击声隔声楼面混凝土铺设

防水屋面卷材铺设

原有外墙与木结构搭接掏挖处补齐

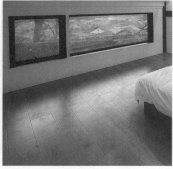
撞击声隔声楼面铺设完毕

防水屋面混凝土层钢筋铺设

5.4 石板瓦

　　石板瓦铺设可分为自然肌理和秩序肌理两类，传统聚落民居宜采用自然肌理的方式铺设。
石板瓦的长宽尺寸通常在300~500mm，厚度在30~40mm。

　　砌筑时应卧砂浆，自檐口至屋脊进行铺砌，水平相邻板瓦应搭接不少于1/5，上下相邻
板瓦应搭接不少于1/3。

碎石板屋面（石板小于30cm）

整石/碎石杂铺屋面

整石板屋面（石板在30~50cm）

一侧开始铺设

另一侧铺设后，中缝搭接

石板屋面铺设完成

第6章 民族要素

6.1 空间要素

6.1.1 村寨空间

　　宜整合若干相邻民居，进行连片修缮，形成具有一定规模和围合感的公共空间，可用于开展村寨集体活动、民族节庆传统习俗活动。

　　民居宜利用入口台阶、拱门、巷道等人流汇聚频繁的空间，增加简易临时休息区，可容纳少许临时座位，提供村民非正式交流场所。

围绕村寨中心广场的多种室外公共空间

门洞口形成街道空间层次

路边石台面形成休憩空间

广场边石台面形成交流空间

6.1.2 民居空间

村寨内遗留传统防御性空间应保留并进行良好修缮，可提升其功能为具备民族特色的历史博物展陈空间，村寨通向该防御性空间的道路宜同步进行环境提升。

民居应注重庭院景观与空间的特色塑造，结合村寨民族传统风貌，营建功能性公共空间。

民居堂屋应保持良好的传统风貌，沿用传统祭祀空间格局，空间宜开敞通高，中心对称，并在中轴线空间尽端布置民族传统特色物品。

民居宜保持传统火塘间功能，在空间上与功能现代的厨房结合，为冬季提供民居内集中采暖空间。

在保持传统建筑风貌前提下，宜使用玻璃温室等现代建筑元素，提升建筑室内热环境并形成现代生活起居空间。

6.2 材料要素

6.2.1 门

主入口应保持传统门、窗的尺度和材料肌理，并在以下部位注重维持传统风貌特色：

（1）门板：应为深色，实木桐油肌理，方正对称，双开向内；门闩等应与门板维持类似材料肌理。

遗留传统防御性空间

利用温室原理为既有民居增建新空间

民居典型入口外观

（2）门楣：应为整根石梁或木梁，正中、与门楹交接角部可进行具有民族象征符号的简单雕饰；可设置门簪、匾额或类似外挂装饰物；不宜对门楣所有部位进行繁复雕饰；不宜在门楣设置直接、间接照明的灯具。

（3）门楹：应为大石块水平砌筑或整石立柱，立面为木板时门楹应为整木柱；门楹装饰应比门楣简化，以对联或其他简单挂饰为宜；不宜设置直接照明的灯具，可设置间接照明或通过门楹进行漫反射而使周边增加亮度的灯具。

（4）门槛：应为整根石槛，大小与民居尺度匹配，高度以150~250mm为宜；如民居提升公共性功能，需进行无障碍设计，则应取消门槛，或将门槛简化为两侧具有装饰性的门楹柱础，中央无高差缺口处不小于850mm。

6.2.2　窗

花窗宜与石雕、木雕结合，考虑舒适和节能等建筑性能要求，民居开窗宜以现代节能窗为主。花窗其开启面积不宜过大，应以固定扇为主。设计运用材料需要注意以下要求：

（1）石雕花窗应为固定窗，内侧可用玻璃进行密封，并良好密封玻璃与石材交接缝隙。

（2）木雕花窗宜为固定窗，可结合现代门窗开启扇进行设计；通常做双层窗，木雕花窗与外立面平齐，位于现代门窗外侧；具有节能保温效果的现代门窗应为内开或上悬。

（3）现代门窗不宜面积过大，应避免在石墙中开较大的洞口。如具有观景功能的窗，应与木板墙体结合。现代门窗宜在外立面采用深色哑光肌理。

民居典型花窗

6.2.3 雕饰

除门窗外，木雕宜出现在以下部位，体现传统空间特色：堂屋中轴线尽端墙面；室内大木结构中梁与柱交接的构造节点，但不得削弱结构强度；室外檐下空间的椽条端头，宜在建筑四角设置。

除门窗外，石雕宜出现在以下部位，体现传统空间特色：室外基座与主体立面的交接处，即"腰线"；四角檐口下；室内大木结构柱础；室外景观小品，如落水口、排水井等。

装饰元素的内容根据村寨民族习俗确定，宜分为以下类别：

（1）几何纹样：以格网线条、抽象对称图案为主，在大多数建筑部位、室内外均适用。

（2）植物形象：以花、叶等图案为主，可雕饰相对细腻，也可抽象为云状，用于门窗、外立面等。

（3）动物形象：不宜使用具象形象，也不宜随意使用，通常仅用于一些具备习俗特征的建筑构件，如落水口处有简化抽象的龙、蛙、龟等形象，在柱础处有抽象的狮、马、牛等形象。

（4）人物形象：民居外观应慎用人物形象，堂屋或土地庙等具有供奉功能的传统空间，根据村民的具体需求少量设置。

民居典型木雕、石雕和其他雕饰

6.3 色彩要素

木结构及木板墙立面以暖黄偏深灰色为主，属于自然色系，对于色相、明度、饱和度的要求如下：

（1）色相：黄偏绿（H：25°~55°）。

（2）明度：明暗适中（B：40%~85%）。

（3）饱和度：在明度相对低的前提下（B：40%~60%），饱和度可较高（S：75%~100%）；明度相对高时（B：60%~85%），饱和度应适中（S：50%~85%）。

石墙立面以偏黄、蓝、紫的浅灰色为主，属于自然色系，对于色相、明度、饱和度的要求如下：

（1）色相：以灰为主，色相无倾向。

（2）明度：中灰到浅灰（B：50%~95%）。

（3）饱和度：极低（S：0%~10%）。

石板瓦屋顶以青绿冷色调中灰色为主，属于自然色系，对于色相、明度、饱和度的要求如下：

（1）色相：以灰为主，色相偏冷（H：180°~240°）。

（2）明度：深灰到中灰（B：30%~60%）。

（3）饱和度：极低（S：0%~10%）。